Johannes Dentler

Gletscher-Surges. Entstehung und Beispiele

GRIN Verlag

Bibliografische Information der Deutschen Nationalbibliothek:

Die Deutsche Bibliothek verzeichnet diese Publikation in der Deutschen National-
bibliografie; detaillierte bibliografische Daten sind im Internet über http://dnb.d-
nb.de/ abrufbar.

Impressum:

Copyright © 2011 GRIN Verlag GmbH
Druck und Bindung: Books on Demand GmbH, Norderstedt Germany
ISBN: 978-3-656-68541-8

Proseminar Physische Geographie der Polargebiete

SS 20011

Verfasser: Johannes Dentler

Thema:

Gletscher-Surges – Entstehung und Beispiele

Inhalt

1. Einleitung

„In Nordossetien kollabierte ein Gletscher und verschüttete ein ganzes Tal. Etwa 150 Menschen werden vermisst, darunter Sergej Bodrow jun., einer der populärsten russischen Nachwuchs-Schauspieler. 'Ich dachte, sie fangen an, Georgien zu bombardieren' (...) Es waren keine Bomben – und das Inferno kein Kinotrick: Ein Drittel des Kolka-Gletschers im Massiv des 5033 Meter hohen Kasbek war abgerutscht. Eine riesige Lawine aus Eis, Wasser, Geröll und mitgerissenen Bäumen schoss durch das Gebirgstal nach Norden" (vgl. Russland-Aktuell 2002).

So berichtete die Online-Zeitung *„Russland-Aktuell"* am 22.09.2002 über die Gletscherkatastrophe des Kolka-Gletschers im Kaukasus, als ein Großteil des riesigen Eismassivs urplötzlich ins Tal hinab rutschte und alles mit sich riss, was im Weg stand. Diese Katastrophe hatte einige Todesopfer zur Folge. Dies war ein bis dahin in diesem Ausmaß unbekanntes Phänomen. Doch der Kolka-Gletscher ist, was glaziale Naturphänomene angeht in Fachkreisen bei weitem kein unbeschriebenes Blatt. Der Kolka gehört nämlich zu einem bestimmten Gletschertyp, dem sog. Surge-Gletscher. Ein solcher Gletscher ist in der Lage periodisch seine Fließgeschwindigkeit enorm zu erhöhen und kann somit innerhalb von kurzer Zeit das Bild einer ganzen Landschaftsform erheblich verändern, indem das Eismaterial sehr schnell vorgerückt wird.

Solche Naturphänomene gehören allerdings zu den Unbekanntesten und sind meist nur Spezialisten ein Begriff, da sie auch nur selten auftreten und dies meist in dünnbesiedelten Gebieten. Deshalb werden im Folgenden diese Gletscher-Surges genauer beobachtet und die Entstehung dieser Ereignisse soll erläutert werden. Anschließend sollen ein paar Beispiele zur Anschaulichkeit beitragen.

2. Hauptteil

Gletscher-Surges sind hochkomplexe Phänomene, die nur in bestimmten Eismassen vorkommen können, wenn die verschiedensten Voraussetzungen für diese speziellen Vorstöße gegeben sind. Diese speziellen Gletscher nennt man *Surge-Gletscher* und ihre Anzahl ist ca. 400, was in etwa 5% aller Gletscher auf der Erde ausmacht (vgl. Engelhardt 1987, S. 212).

2.1.   Gletscherbewegungen

Um die komplizierte Form der Fortbewegung bei einem Surge erläutern zu können, soll nun zuerst noch einmal kurz die grundsätzlichen Arten gewöhnlicher Gletscherbewegungen aufgezeigt werden. Eine massive Eismasse hat das Potenzial zur Eigenbewegung dann erreicht, wenn ihre Mächtigkeit so groß ist, dass es in Kombination mit der Gravitation in einer meist leichten Hanglage und der Eigendynamik des Eises die Rauigkeit der Oberfläche überstiegen wird und somit eine Bewegung impulsiert wird. Für diese Bewegung werden zwei Arten unterschieden: Beim *basalen Gleiten* entsteht an der Gletschersohle durch die Reibung am Untergrund Wärme, die das Eis zum Schmelzen bringt und Schmelzwasser verringert die Reibung des Gletschers am Gestein und forciert somit eine gleitende Bewegung. Beim *plastischen Fließen* wiederum wird die Bewegung des Gletschers nur durch seine Eigendynamik beeinflusst. Hierbei führt die hohe Masse des Eises zu einem starken Druck, der die Eiskristalle verändert und bewegt. Die Summierung dieser Einzelbewegungen führt zu der Gesamtbewegung in der plastischen Zone des Gletschers Hangabwärts. Bei dieser starren Fortbewegung entstehen tiefe Brüche und Spalten in der Gletscheroberfläche. Diese zwei Arten von Gletscherbewegungen treten auch oft gemeinsam und in Wechselwirkungen auf (vgl. PG-Net III 2010).

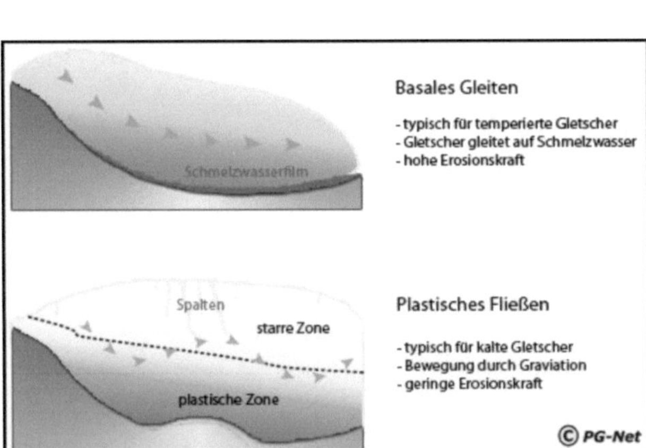

Abb. 1: Gletscherbewegungen

Quelle: http://www.geo.fu-berlin.de/fb/e-learning/pg-net/themenbereiche/geomorphologie/glazialmorphologie/Gletscher/Gletscherbewegung/index.html

2.2.   Gletscher-Surges

Nun, da ein paar Grundlagen zur Gletscherbewegung in Erinnerung gerufen wurden, kann ein Blick auf die komplexere Art geworfen werden: ein Gletscher-Surge.

2.2.1.   Namensgebung und Definition

Das Naturphänomen, um welches es sich im Folgenden drehen soll, ist eines der am wenigsten erforschten Ereignisse und wird erst seit ca. 25 Jahren genauer untersucht. Deshalb ist die Namensgebung für diese schnellen Gletschervorstöße in der Literatur noch nicht einstimmig. Somit tauchen Begriffe auf wie „ausbrechende Gletscher", „galoppierende Gletscher" (Engelhardt 1987, S. 212), „Gletscherwoge" oder in der englischsprachigen Forschung „glacial surge" (vgl. GeoDZ 2010). Dieser englische Ausdruck hat sich bis heute etabliert und somit spricht man nun häufig von Gletscher-Surges. In der Literatur ist auch noch keine einheitliche Definition für die Surges zu finden, da ihre Ursachen auch noch nicht gänzlich geklärt werden konnten. Hier ist ein Versuch der Online-Plattform GeoDataZone in *Das Lexikon der Erde*: „*glacial surge, Gletscherwoge*, periodisch auftretende, sehr schnelle und oft katastrophale Gletschervorstösse, wobei über einen Zeitraum von bis zu mehreren Jahren mögliche Gletschergeschwindigkeiten von einigen km in wenigen Monaten beobachtet wurden (...). Als wesentliche Entstehungsursache für glacier surges, die meist nur Teilbereiche eines Gletschers erfassen, wird eine stark erhöhte Gleitfähigkeit des Gletschers durch Anstieg des Schmelzwasserdrucks, Wasserstau und die Entstehung regelrechter Wasserpolster an der Gletschersohle diskutiert" (GeoDZ 2010).

Bei einem Gletscher-Surge werden große Massen an angesammelten Eis aus dem Nährgebiet abgetragen und das Zehrgebiet gefüllt (vgl. Engelhardt 1987, S. 215).

2.2.2.   Entstehung von Gletscher-Surges

Um die Entstehung eines Surges zu beschreiben muss gesagt werden, dass die Erforschung dieser Phänomene noch in den Kinderschuhen steckt und somit keine hundertprozentigen Aussagen getroffen werden können. Größtenteils stützt sich diese Arbeit dabei auf die Ergebnisse von Forschungen am Variegated Gletscher in den St.-Elias-Bergen in Alaska in den 70er-Jahren bis zum Surge 1983, die durch die University of Alaska, der University of Washington und dem California Institute of Technology durchgeführt wurden und bis heute als gültig angesehen werden (vgl. Engelhardt 1987, S. 214). Hierbei wurde der Gletscher über mehr als zehn Jahre besonders untersucht. Dabei wurde zum Beispiel in regelmäßigen Abständen der Gletscher auf seine Dicke, Geschwindigkeit und die Art des Gletscherbettes untersucht. Somit konnte der einsetzende Surge 1983 ziemlich genau erklärt werden und soll nun als möglicher allgemeiner Ansatz zur Entstehung von Gletscher-Surges dienen (vgl. Engelhardt 1987, S. 214).

Die Ursachen für den Surge liegen ganz weit unter der Eisdecke des Gletschers, nämlich beim Wasserdruck im Gletscher. Durch die Bewegung eines Gletschers entsteht durch die Reibung mit seinem Untergrund Wärme, die dafür verantwortlich ist, das Eis zum Schmelzen kommt. Dieses Schmelzwasser fließt in Abflusskanälen innerhalb der Eismassen nach unten ab und ergießt sich im Gletscherausguss am Ende der Gletscherzunge. Das Abfließen des Wassers nennt man Wasserdruck des Gletschers. Je mehr Wasser abfließt, desto mehr Reibung entsteht am Rand der Kanäle und desto mehr breiten sie sich aus. Somit kann mehr Wasser gleichzeitig abfließen und der Wasserdruck im Gletscher sinkt. Dies ist normalerweise im Sommer der Fall, wenn es sowieso viel Schmelzwasser gibt. Im Winter gibt es jedoch meist nur einen geringen Wasserdurchfluss. Die Abflusskanäle sind dünn und der Wasserdruck ist somit relativ hoch. Gleichzeitig ist der Eis druck im oberen Teil des Gletschers ziemlich hoch und nimmt zur Mitte des Gletschers mit der Fließbewegung noch weiter zu. Dabei kommt es dazu, dass immer weniger Wasser abfließen kann bis es sich schließlich an einer Stelle staut. Der Wasserdruck ist nun unheimlich hoch. Nun kann es dazu kommen, dass das angestaute Wasser durch die Reibung den Zugang zu einem weiteren Wasserreservoir freigibt und schon ist der Wasserdruck so stark, dass das Eis nicht mehr standhalten kann. Wie ein Keil schiebt sich das Wasser unter den Gletscherabschnitt, hebt ihn hydraulisch an und drückt ihn talabwärts gegen den Rest des Gletschers, der zusammengedrückt wird und einen Eisdamm bildet, der verhindert das noch weniger Wasser abfließen kann. Dies geht so lange bis der Druck so hoch ist, dass der Damm bricht. Der Surge beginnt. Das Wasser lässt das Eis auf sich ins Tal hinab schwimmen. Nur die Reibungskräfte am Talrand bremsen den Gletscher ab, der sehr hohe Geschwindigkeiten erreichen kann (vgl. Engelhardt 1987, S. 218-219). Ein herkömmlicher Gletscher fließt mit einer durchschnittlichen Geschwindigkeit von 20-200 Meter pro Jahr. Bei einem Surge erreicht der Gletscher kurzzeitig mindestens das Zehnfache seiner ursprünglichen Geschwindigkeit. Diese Geschwindigkeit hält der Gletscher so lange an, bis entweder das Wasserreservoir erschöpft ist, oder keine Eismassen mehr aus dem Nährgebiet von oben nachdrücken können. Hierbei ist zu beobachten, dass die Geschwindigkeit des Gletschers überall gleich ist, während normalerweise die höchste Geschwindigkeit in der Gletschermitte zu messen ist (vgl. Engelhardt 1987, S. 219). Der

Surge dauert erfahrungsgemäß nicht länger als einige Stunden bis zu wenigen Tagen. Der nächste Ausbruch kann dann erst stattfinden, wenn sich wieder genügend Eis im Nährgebiet angesammelt hat um erneut Druck ausüben zu können (vgl. Engelhardt 1987, S. 220). Diese Tatsache führt dazu, dass ein Surge periodisch auftritt. Diese Perioden sind von Gletscher zu Gletscher unterschiedlich, aber trotzdem relativ genau. Die Zyklen dauern zwischen ca. 10 bis 100 Jahre (vgl. Funk-Salami 2002).

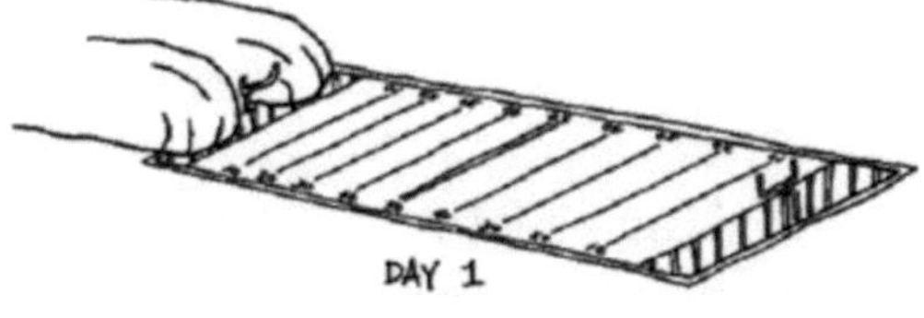

Abb. 2: Ausgangssituation vor dem Surge

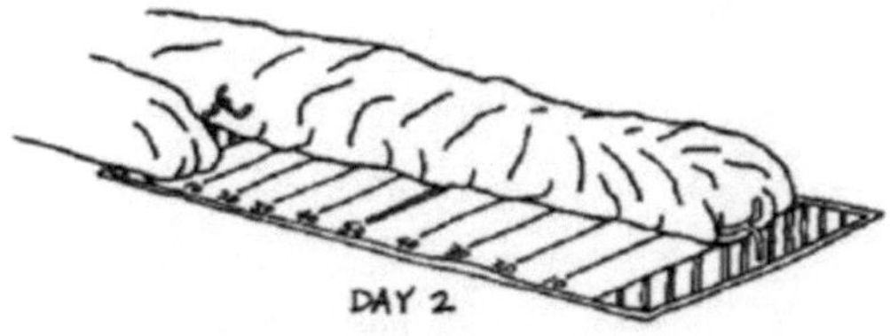

Abb. 3: Situation nach dem Surge

2.2.3. Verbreitung der Surge-Gletscher

Wie weiter oben schon erwähnt gehören ca. 5% der Gletscher zu den sogenannten Surge-Gletschern, was eine Summe von etwa 400 ausmacht. Davon kommen die meisten in Alaska und Grönland vor. Allein in Alaska hat man 204 Surge-Gletscher klassifiziert. Doch auch in anderen Regionen wie den Alpen, dem Himalaya oder den Anden (vgl. Engelhardt 1987, S. 212).

2.3. Beispiele

Die Erklärung des Phänomens Gletscher-Surge ist sehr theorielastig und aufgrund der jungen Forschungszeit noch abbildungsarm. Deshalb soll nun hier an dieser Stelle an einigen Beispielen dieses Naturschauspiel veranschaulicht werden.

2.3.1.   Modellgletscher: Variegated Glacier

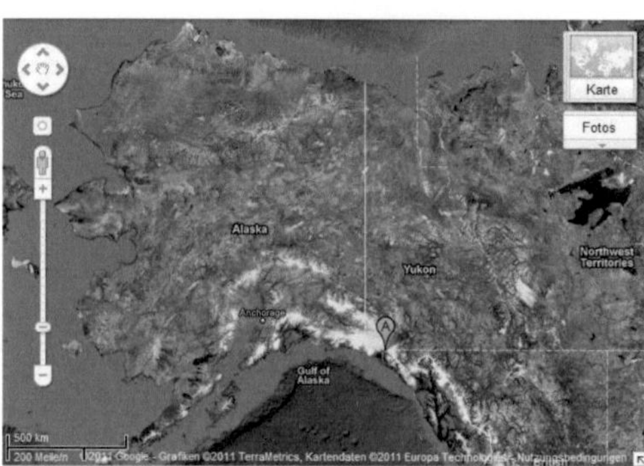

Abb. 4: Lage des Variegated Glacier

Quelle: Google-Maps 2011

Beim Variegated Glacier handelt es sich um den Modellgletscher an dem die bahnbrechenden Forschungen zur Entstehung eines Surges gemacht wurden. Dieser Gletscher liegt in Alaska in den St.-Elias-Bergen ca. „75km nördlich von Yakutat" (Engelhardt 1987, S. 214). Dieses Ereignis soll nun beschrieben werden. Der eigentliche Ausbruch kündigte sich in sogenannten Minisurges. Sie begannen im Jahr 1978 und dabei erhöhte der Gletscher kurzzeitig seine Geschwindigkeit um das Dreifache auf 1-3 Meter pro Tag und der Wasserdruck erhöhte sich so, dass sich der gesamte Gletscher um 15cm angehoben wurde. Jedoch liefen diese Ausbrüche nach gut 10km wieder aus und waren damit nur im oberen Teil des Gletschers anzusiedeln (vgl. Engelhardt 1987, S. 215). Der richtige Surge begann dann im Januar 1982 mit einem kleinen Schub von einer Geschwindigkeit 2-9m pro Tag, der sich fast ein halbes Jahr hinzog und kaum von einem normalen Eisbeben zu unterscheiden war. Dadurch hatte sich aber eine dicke und hohe Eisbarriere gebildet, die unter dem zweiten Schub im November 1982 nachgab und dem Surge freien Lauf gewährte. Nun stürzte die 100m hohe Gletscherwand mit einer Geschwindigkeit von 100m/Tag talabwärts (vgl. Engelhardt 1987, S.216-217). „Diese Vorgänge boten ein spektakuläres Schauspiel mit bizarren Bildern, dramatischen Veränderungen und einer Reihe ungewöhnlicher Geräusche, die man mit Worten nur unvollkommen beschreiben kann. Aus einer glatten, spaltenfreien Gletscheroberfläche wurde so in kürzester Zeit ein wildzerklüftetes Chaos." (Engelhardt 1987, S.217) (vgl. Abb.3). Dies zog sich bis zum 4. Juli 1983, bis der Surge überraschend abklang. Aus dem aus der Gletscherzunge austretende Wassermenge konnte eine ca. 65cm dicke Wasserschicht errechnet werden, auf der die Surge-Front schwamm und nun das Ende des Gletschers erreicht hatte (vgl. Engelhardt 1987, S. 217). Diese Untersuchungen an diesem Surge-Gletscher waren grundlegend für Hinweise auf die Auslösemechanismen für Surges (vgl. Engelhardt 1987, S. 218).

Abb.5: Variegated Gletscher nach dem Surge 1982-83

Quelle: http://www.swisseduc.ch/glaciers/earth_icy_planet/glaciers05-de.html?id=18

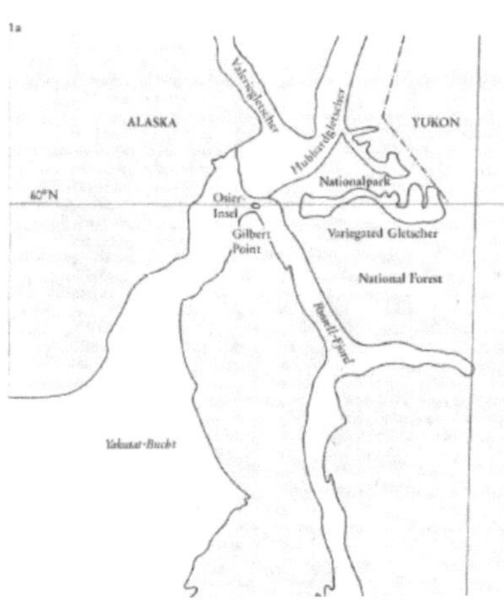

Abb. 6: Übersichtskarte für den Hubbard-Surge

Quelle: Engelhardt 1987, S.213

2.3.2. Hubbardgletscher

Der Surge des Hubbard-Gletschers war einer der gravierendsten der Geschichte. Er liegt ca. 15 km westlich vom Variegated-Gletscher und mündet mit seiner 5km breiten Front direkt in die Yakutat-Bucht und ist mit seiner Länge von 130km einer der größten Gletscher Alaskas. Im März 1986 erhöhte der Gletscher plötzlich seine Geschwindigkeit auf 15m/Tag und das Meerwasser konnte nicht mehr schnell genug die Eisberge abschmelzen, so dass sich der Gletscher

9

immer weiter im Ganzen in die Bucht schob und die Insel Osier komplett unter sich begrub.

Abb. 7: Mündung des Hubbard-Gletscher

Quelle: http://www.fs.fed.us/r10/tongass/forest_facts/images/hubbard/1986hubbard1.jpg

Diesen klassischen Surge löste der Nebengletscher Valerie des Hubbard aus, der seinen Ausbruch forcierte. Ein paar Monate später hatte der Gletscher den Russel-Fjord durch einen aufgeschütteten Moränendamm vom Meer abgetrennt. Dies hatte dramatische Folgen. Der zum Binnensee gewordene Fjord füllte sich nach und nach mit süßem Schmelzwasser und der Wasserspiegel lag bald hoch über Meeresniveau. Als der Spiegel bei 24m über NN angekommen war brach der Eisdamm zusammen und das Wasser strömte verheerend zurück in die Bucht. Die Folgen für die Natur lagen darin, dass Meeresfische im Süßwasser starben und Robben keine Nahrung mehr fanden. Außerdem löste der Hubbardgletscher-Surge in der Folge noch etliche weitere Surges bei Nebengletschern aus.

2.3.3.   Kolka-Gletscher

Abb. 8: Lage des Kolka Gletschers

Quelle: Google Maps 2011

Das nächste Beispiel eines Gletscher-Surges bringt uns in eine ganz andere Region, nämlich nach Ossetien im Kaukasus. Südlich von Wladikawkas liegt der berüchtigte Kolka-Gletscher (Abb. 6). Seine Ausbrüche sorgten schon vor vielen Jahren für Katastrophen für die Region. Besonders der surge von 1902 war von großer Bedeutung und war unter dem Namen „Genaldon-Katastrophe" bekannt, die nach dem Tal am Fuße des Gletschers benannt ist. Hierzu sind nur wenige Berichte bekannt. Doch in eben diesen wird gesagt, dass ohne Vorwarnungen ein großes Stück des Gletschers „Menschenleben und Vieh vernichtend" (Hoinkes 1972, S. 264) ins Tal hinabstürzte. In einem weiteren Bericht ist die Rede davon, dass die Flutlawine „den Kurort Kermadon zerstörte, indem sie ihn unter Stein- und Eismassen begrub" (Hoinkes 1972, S. 266-267). Dieser Gletscherabbruch war höchstwahrscheinlich die Folge eines Surges. Dies wiederholte sich im Jahr 1969 und im Jahr 2002. Damals wurde ein russisches Filmteam des russischen Regisseurs Sergej Bodrow Junior von den Eismassen betroffen (vgl. Russland-Aktuell 2002).

2.4.   Weitere Bildbeispiele

Abb.9: Kennzeichen für den Surge am Veriegated Gletscher
Quelle: http://www.swisseduc.ch/glaciers/earth_icy_planet/icons-05/09-surge-variegated-glacier.jpg

In Abbildung 5 Erkennt man durch die diagonalen Linien deutlich die aufgeschobenen

Eisschichten während des Surges (vgl. SwissEduc „Glaciers online" 2006).

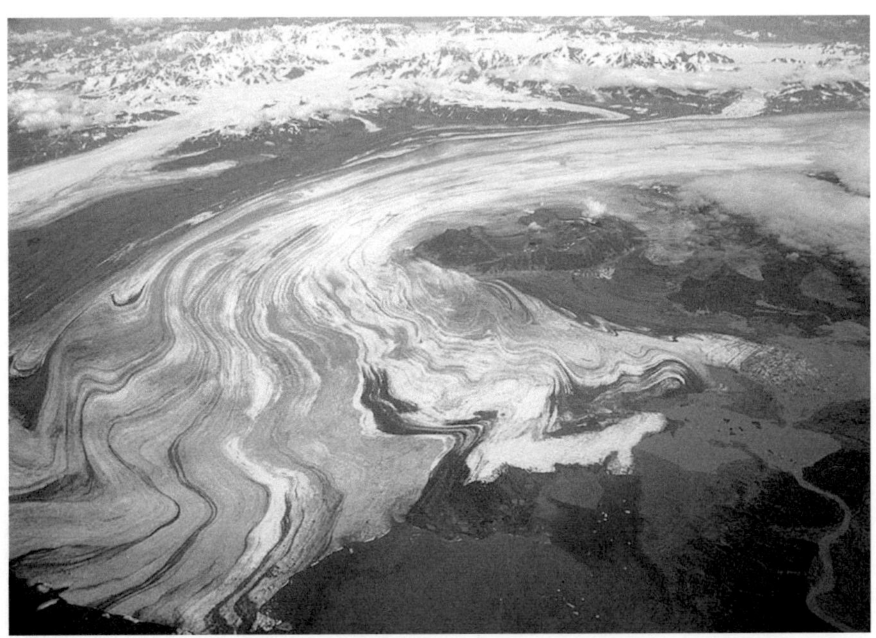

Abb.10: Bering Gletscher
Quelle: http://www.swisseduc.ch/glaciers/earth_icy_planet/glaciers05-de.html?id=17

Abbildung 7 zeigt mit dem Bering-Gletscher eines der größten Gletschersysteme

Nordamerikas. Die geschwungenen Mittelmoränen zeigen deutlich die Spuren einiger Surges

(vgl. SwissEduc „Glaciers online" 2006).

Abb. 11: Iceberg-Gletscher
Quelle: http://www.swisseduc.ch/glaciers/earth_icy_planet/glaciers05-de.html?id=20

Der Iceberg Gletscher ist auch ein Paradebeispiel für einen Gletscher-Surge. Dies ist an der geschwungenen Mittelmoräne und der brüchigen Oberfläche zu erkennen (vgl. SwissEduc „Glacier online" 2006).

3. Schluss

Gletscher-Surges sind beeindruckende Naturereignisse, die die Macht der Natur deutlich hervorheben. Da die Forschungen, die die Ursachen betreffen noch nicht weit fortgeschritten sind, wird der Mythos noch weiter erhöht. Es kann nämlich nicht ausgeschlossen werden, dass das Aufkommen von Surges nicht auch vom Klima abhängig ist. Man darf also gespannt sein, was die zukünftigen Forschungen in diesem spannenden Forschungsgebiet der Geomorphologie und Glaziageologie bringen werden!

4. Literaturverzeichnis

4.1. Aufsätze

- Engelhardt, H. (1987): Wenn Gletscher plötzlich schnell werden. In: Geowissenschaften in unserer Zeit, Heft 6, Seiten 212-220.

- Hoinkes, H. (1972): Die Ausbrüche (Surges) des Kolka-Gletschers in Nord-Ossetien, Zentraler Kaukasus. In: Zeitschrift für Gletscherkunde und Glazialgeologie, Band 8, Heft 1-2, Seiten 253-270.

4.2. Internetquellen

- Russland-Aktuell: Gletschersturz im Kaukasus.
  http://www.aktuell.ru/russland/panorama/gletschersturz_im_kaukasus_107.html
  (10.05.2011)

- PG-Net: Gletscherbewegung. http://www.geo.fu-berlin.de/fb/e-learning/pg-net/themenbereiche/geomorphologie/glazialmorphologie/Gletscher/Gletscherbewegung/index.html (10.05.2011)

- Funk-Salami, F.: Wenn Gletscher rasch fließen. http://www.nzz.ch/2002/10/02/ft/article8E4VQ.html (20.05.2011)

- SwissEduc: Glacier online. http://www.swisseduc.ch/glaciers/earth_icy_planet/index-de.html (20.05.2011)

- GeoDZ: glacier surges. http://www.geodz.com/deu/d/glacier_surges (10.05.2011)